EXPÉRIENCES

SUR

LE MAGNÉTISME

ANIMAL.

PAR J.-B.-E. DEFER,

Docteur en Médecine, Membre de plusieurs Sociétés savantes.

METZ,

CHEZ FÉLIX ROBERT, LIBRAIRE,

PLACE DE CHAMBRE, N° 22.

1838.

EXPÉRIENCES

SUR

LE MAGNÉTISME

ANIMAL.

Par J.-B.-E. DEFER,

Docteur en Médecine, Membre de plusieurs Sociétés savantes.

METZ,

CHEZ FÉLIX ROBERT, LIBRAIRE,

PLACE DE CHAMBRE, N° 22.

1838.

Metz. Imp. de Ch. BOSQUET.

EXPÉRIENCES

SUR

LE MAGNÉTISME

ANIMAL.

En publiant les résultats extraordinaires que nous avons obtenus, nous n'avons pas pour but de convertir les incrédules à notre manière de penser sur le magnétisme animal. Pour avoir une conviction complète sur la réalité des phénomènes que nous avons observés, il faut, comme nous, les avoir vus et étudiés avec le plus grand soin et une sorte de défiance de soi-même. Ainsi donc, nous ne demandons pas une croyance aveugle à tout ce que nous allons rapporter, mais nous espérons appeler l'attention des vrais observateurs sur un point de science qui déjà a été enseveli bien des fois, et qui semblerait avoir reçu le vrai coup fatal.

Tout récemment, une lutte violente s'est engagée entre les partisans du magnétisme et ses adversaires. Parmi les premiers, se trouvent des hommes d'un profond savoir, des médecins distingués, qui, pour avoir publié ce qu'ils avaient vu, ont passé pour ridicules et visionnaires. Parmi les seconds l'on remarque également des hommes d'un très-grand mérite, mais qui sont restés inébranlables, parce qu'ils se sont refusés à toute espèce d'examen, ou qu'un motif quelconque leur a fait fermer les yeux pour ne pas voir. Nous savons bien qu'une Commission a été nommée pour assister à des expériences magnétiques, et que son rapport est loin d'être favorable. Mais nous savons aussi que, d'une part, MM. les Commissaires ont toujours professé le plus souverain mépris pour le magnétisme, et ont assisté à ces expériences, tout comme on passe une soirée au spectacle Conus ; ce n'est pas d'ailleurs de ce moment que date leur profession de foi magnétique. De l'autre, les expériences ont été très-incomplètes, les effets obtenus dans certaines circonstances favorables n'ont pu être reproduits, nous ne dirons pas pour quelles raisons. Mais de ce que le magnétisme ne s'est pas montré dans tout son jour, avec ses phénomènes extraordinaires, dans quelques expériences mal dirigées sans doute, s'ensuit-il que l'on doive proclamer hautement sa non existence ? Une telle conclusion est digne d'esprits peu philosophes ; ce n'est pas d'ailleurs à une Commission composée de quelques membres seulement et tout-à-fait hostiles à la cause du magnétisme, qu'il appartient de décider si le magnétisme existe réellement.

Nous n'ignorons pas que certains individus, jugeurs en dernier ressort de ce qu'ils ne comprennent pas ou de ce qu'ils ont intérêt à ne pas admettre, et dont d'ailleurs l'opinion a force de loi, taxeront nos expériences de duperie. Mais, fort de la vérité et du témoignage d'observateurs nombreux et instruits, nous n'avons rien à craindre de pareilles attaques. Le désir seul de nous instruire et de nous former une opinion sur un sujet si controversé, nous a conduit à faire des expériences, et nous les avons faites dégagé de toute opinion préconçue et avec toute la sévérité possible.

Pour détourner de l'examen du magnétisme, on l'a traîné dans la fange et habillé de toutes les façons; on a représenté ceux qui s'en occupent, comme des ignorants, des charlatans. Il est au contraire reconnu que les partisans du magnétisme sont des hommes très-instruits, désintéressés, la plupart médecins, littérateurs, philosophes. Nous savons bien que de viles spéculateurs, des charlatans en un mot, exploitent la crédulité publique au nom du magnétisme. Mais qu'y faire? La médecine elle-même est-elle exempte de jongleries? Ne voit-on pas tous les jours des personnages qui ne croient pas à l'efficacité de l'art qu'ils exercent cependant avec une certaine considération? Ne voit-on pas des femmes vouloir reconnaître et guérir les maladies par la seule inspection des urines? Enfin, les remèdes secrets, prétendus spécifiques de telle ou telle maladie, qui sont affichés à tous les coins des rues, que l'on vend sur les places publiques et jusque dans les pharmacies, ne sont-ils pas le fait du charlatanisme? Mais ces abus ne doivent pas empêcher le médecin consciencieux de faire de la médecine et d'étudier scrupuleusement le magnétisme qui la touche de près. Nous sommes loin de vouloir faire des applications du magnétisme à la médecine; disons cependant en passant, que si l'insensibilité est un des phénomènes de l'extase magnétique, la chirurgie peut en tirer un parti très-avantageux dans les opérations douloureuses.

Une autre classe de gens n'a pas moins nui au magnétisme que ceux dont nous venons de parler, ce sont les fanatiques qui donnent les rêves de leur imagination comme des produits magnétiques. Quant à nous, nous ne sommes ni incrédule, ni partisan aveugle du magnétisme; nous avons pris à tâche de démêler ce qu'il y a de vrai et de faux dans les phénomènes dits magnétiques, et pour cela nous nous sommes livré à de nombreuses expériences. Chaque observateur a pu se mettre en rapport avec la personne magnétisée et vérifier un à un tous les phénomènes que nous signalerons plus bas. Peut-on maintenant supposer que les hommes de mérite qui assistaient à nos expériences avec l'attention la plus scrupuleuse, se soient trompés ou aient été dupes? Assurément non, car ils ont employé, non pas une fois seulement, mais vingt, à volonté, tous les moyens imaginables de reconnaître toute fraude ; ils ont d'ailleurs procédé eux-mêmes à la plupart des expériences.

Cependant, malgré toutes nos précautions, une ou deux personnes ont suspecté la bonne foi de tous, et ont avancé que les expérimentateurs s'entendaient avec la personne soumise aux expériences. D'autres ont dit, et ils sont en aussi petit nombre : « Il y a bien quelque chose, « mais nous pensions voir des phénomènes d'un « tout autre ordre. » Aux premiers, nous n'avons rien à répondre, sinon que nous les prions d'expérimenter eux-mêmes : ils ne taxeront pas sans doute leurs propres expériences de jongleries, s'ils obtiennent des résultats. Aux autres, nous leur dirons qu'ils ont été témoins des premières expériences que nous regardons nous-même comme très-incomplètes. D'ailleurs, si toutes les réponses n'ont pas été bonnes, c'est que la personne magnétisée se trouvait pressée par trop de monde, accablée de questions souvent trop difficiles pour une première et une seconde expérience. Pour obtenir de bonnes réponses, il ne faut adresser que quelques questions avec beaucoup de précaution et ne pas les adresser coup sur coup. Nous dirons enfin que pour obtenir des résultats satisfaisants, et l'expérience nous l'a démontré, il faut magnétiser souvent le même sujet, il faut, comme on l'a fort bien dit, faire l'éducation des somnambules artificiels; eh bien, l'on n'y parvient guère qu'après dix à douze séances.

Ce qui nous étonne, c'est que l'on se refuse à admettre les phénomènes magnétiques, c'est-à-dire le somnambulisme factice, tandis qu'on admet le somnambulisme naturel et tous ses symptômes bizarres. Pourquoi cet état, qui est spontané chez les somnambules naturels, ne pourrait-il pas être produit par des moyens artificiels, chez des sujets nerveux et impressionnables ? Qu'importe la nature de ces moyens ou leur manière d'agir? N'avons-nous pas sans cesse sous les yeux des faits dont nous ne pouvons reconnaître les causes ni apprécier leur mode d'action, si elles viennent à tomber sous nos sens? Ceux qui nient l'existence du magnétisme, parce qu'ils ne peuvent expliquer ses phénomènes, comprennent-ils mieux le somnambulisme naturel? Peuvent-ils en rendre compte d'une manière satisfaisante, en déterminer les lois? Assurément non : nous sommes trop éloignés de connaître tous les agents de la nature, ainsi que leurs divers modes d'action.

Dans le somnambulisme naturel, les sujets peuvent marcher, monter sur des toits, il en est qui ont pu jouer aux cartes, composer des vers, résoudre des problèmes mathématiques, écrire des pages entières. Ces faits sont nombreux et authentiques, nous ne pensons pas que quelqu'un les révoque en doute. Eh bien, ces mêmes faits que tout le monde admet sans répugnance, appartiennent également au somnambulisme artificiel, au magnétisme. On n'a, dit-on, jamais constaté que des somnambules naturels pussent lire (*); mais doit-on arguer de là que la lecture leur soit impossible? A-t-on jamais essayé de les faire lire? Non. Eh bien, c'est une expérience que l'on a faite sur les somnambules artificiels. Du reste, si on l'eût tentée sur des somnambules naturels, elle eût été probablement couronnée de succès, puisque ces mêmes sujets jouent aux cartes, résolvent des problèmes, écrivent des pages entières. Avant de nier, expérimentez; alors vous serez en droit de faire valoir votre jugement.

Avant de rapporter les expériences que nous avons faites, disons un mot sur le magnétisme animal. Le magnétisme animal est un état *sui*

______

(*) Un médecin digne de foi nous a assuré avoir vu et entendu un jeune homme somnambule lire un journal dans une obscurité complète.

generis du système nerveux, produit par l'influence d'un individu sur un autre individu, et présentant une série de phénomènes étrangers à la vie ordinaire. Nous ne prétendons pas que cette définition soit parfaite, mais au moins elle nous paraît conforme à ce que nous avons observé.

L'influence d'un individu sur un autre est aujourd'hui admise par les médecins les plus célèbres, par ceux même qui doutent encore de l'existence du magnétisme. Nous avons entendu M. le professeur Andral affirmer que sous l'influence de certaines manœuvres, on peut devenir somnambule et perdre toute sensibilité. « En même « temps, dit-il, qu'existe cette insensibilité, il y « a isolement complet des personnes et des choses « environnantes, tandis que le sujet magnétisé « est en rapport avec la personne qui le ma-« gnétise. A son réveil, les circonstances de son « sommeil sont effacées de sa mémoire. »

Les principaux phénomènes magnétiques sont : La somnolence, le sommeil, un état convulsif et le somnambulisme. La somnolence est un état qui tient de la veille et du sommeil et qui précède ce dernier. Dans ce premier temps, il survient souvent des contractions involontaires qu'il serait impossible de simuler avec la meilleure volonté du monde. Vient ensuite le sommeil, que l'on reconnaît facilement à ses caractères bien tranchés

et qui offre encore ces mêmes mouvements involontaires. Arrive enfin le somnambulisme magnétique, pendant lequel il s'opère des chan-
gements remarquables dans les perceptions et
les facultés. Dans ce dernier état, nous avons
souvent constaté l'insensibilité générale, la paralysie de certains sens, l'exaltation de l'intel-
ligence, le développement extraordinaire de la
mémoire, et la vue sans le secours des yeux.

La sensibilité générale est quelquefois tellement
anéantie, que l'on peut piquer les somnambules,
chatouiller leurs narines avec les barbes d'une
plume, leur pincer la peau fortement, sans qu'ils
témoignent le moindre sentiment de douleur. Nous
n'avons jamais eu occasion d'observer la paralysie
du goût; quant à celle de l'odorat, nous avons été
à même de la constater bien des fois : ainsi nous
avons pu faire respirer de l'ammoniaque, non-seulement sans aucun danger, mais encore sans que
le sujet de l'expérience ait eu conscience de l'odeur
ammoniacale. Nous avons constamment remarqué
que le sujet n'entend que la voix des personnes
en rapport avec lui; aussi ne répond-il pas lorsque
d'autres lui adressent la parole. Isolé complète-
ment du monde extérieur, il reste étranger au
bruit fait à ses oreilles, tandis qu'il entend le
son d'un instrument, lorsque l'individu en rapport
avec lui vient à en jouer. A cet égard, il existe
des anomalies, car il est constaté que parmi les

somnambules , il en est qui répondent à toutes les personnes qui leur adressent la parole , sans avoir été préalablement mises en rapport avec elles. Le développement de la mémoire est quelquefois extraordinaire ; les somnambules récitent des passages qu'ils n'ont lus qu'une fois. Le phénomène de la clairvoyance ne se manifeste pas toujours ; nous avons remarqué qu'il ne se développait qu'autant qu'il y avait extinction des autres sens. Il est des somnambules qui distinguent les yeux fermés et même recouverts d'un bandeau épais , les objets que l'on place devant eux et quelquefois ailleurs , par exemple , sur un des côtés de la tête. La respiration est quelquefois diminuée ; le plus souvent elle est accélérée. La circulation éprouve le même trouble ; nous avons souvent trouvé 115, 120 pulsations à la minute , le pouls nous a souvent paru convulsif et intermittent.

La prévision et la communication des pensées ont été constatées par des observateurs distingués ; ainsi on a vu des épileptiques prédire le moment de leurs attaques, et ces attaques arriver à l'heure indiquée. Quant à nous , nous n'avons point constaté ces facultés ; seulement, nous avons entendu un sujet accompagner une personne qui chantait une romance nouvelle , tout comme l'aurait fait quelqu'un au fait de la romance et de l'air. Nous avons fait des expériences sur l'ordre mental , mais nous n'avons rien obtenu de satisfaisant.

A leur réveil, les somnambules paraissent ignorer toutes les circonstances de leur sommeil ;
nous avons fait à cet égard toutes les recherches
possibles , nous n'avons jamais découvert la
moindre supercherie.

Nous avons remarqué que les somnambules
artificiels deviennent d'autant plus capables, qu'ils
ont été soumis à un plus grand nombre d'expériences ; au contraire , ils le deviennent d'autant
moins, qu'ils ont été mis en rapport avec un
plus grand nombre d'individus. Après ces rap-
ports , l'individu actif, c'est-à-dire la personne
qui magnétise, a perdu de son influence sur la
personne passive.

Nous avons fait des expériences électro-ma-
gnétiques qui nous donnent à penser que le fluide
magnétique (en supposant que ce soit un fluide)
n'est autre que le fluide électrique modifié par
l'action vitale. En poursuivant ces expériences,
on pourra peut-être reconnaître l'identité de ces
deux fluides ; il pourra même se faire qu'après
avoir bien constaté les faits relatifs à l'influence
du magnétisme sur l'économie vivante, on par-
vienne, en les comparant à ceux du galvanisme
et de l'électricité, à déterminer le degré d'ana-
logie qui existe entre ces fluides. Ce sont des
expériences qui demandent d'être répétées souvent et avec une attention sévère ; elles condui-
ront, nous osons l'espérer, à des résultats curieux

et utiles. La gazette médicale de Paris, du 30 juin 1838, rapporte que M. le professeur Ellioston s'est livré, à l'hôpital de l'Université de Londres, aux mêmes expériences que nous, et qu'il a obtenu les mêmes résultats, c'est-à-dire l'insensibilité du sujet magnétisé aux chocs fournis par une machine électrique en mouvement.

On a dit que pour obtenir des effets magnétiques, il était certaines conditions indispensables, tant du côté de la personne active, que du côté de la personne passive. De la part de la personne active, croyance au magnétisme, une conviction forte, une volonté ferme, un ascendant soit physique, soit moral sur la personne passive. Du côté de la personne passive, croyance au magnétisme, abandon complet et une confiance absolue. Toutes ces conditions sont favorables sans doute au succès de l'expérience, mais nous ne les croyons pas rigoureusement nécessaires. La première fois que nous avons expérimenté, nous ne les possédions pas, nous doutions au contraire très-fortement, et cependant nous avons obtenu des résultats curieux. Alors nous ne connaissions pas tous les phénomènes magnétiques que nous avons obtenus plus tard. Il est donc évident que nous ne pouvions avoir à leur égard ni croyance ni foi ; il est également évident que toutes les personnes qui ont cherché à apprécier la valeur du magnétisme, se sont trouvées dans le même cas que nous. Ces conditions ne sont pas plus nécessaires pour la personne passive. Nous avons obtenu des résultats sur des sujets qui ignoraient le nom même de magnétisme, ou qui doutaient. Ce que l'on a dit de l'influence exercée par la présence de gens incrédules est de la même valeur. Les personnes qui ont assisté à nos expériences et qui y ont ensuite procédé elles-mêmes, non-seulement ne croyaient pas, mais quelques-unes d'entre elles étaient même disposées à ne pas se rendre à l'évidence en cas de réussite. Si la personne active ou la personne passive, et, à plus forte raison, toutes les deux, se trouvent contrariées de la présence de tel ou tel individu, il est certain que les effets magnétiques ne se développeront pas aussi bien que dans les circonstances opposées; mais dans ce cas l'incrédulité ne joue aucun rôle. Quelles sont donc les vraies conditions, les conditions indispensables, sans lesquelles on ne peut obtenir les phénomènes magnétiques? Nous ne les connaissons point, nous ne pouvons les connaître dans l'état actuel de la science. Nous dirons seulement que les sujets nerveux sont plus aptes que les autres à éprouver l'influence du magnétisme animal.

Quels sont les procédés pour produire le somnambulisme artificiel? Il est fort difficile de les faire connaître d'une manière précise, car chaque expérimentateur suit une marche différente. Les uns se mettent d'abord à la même température que le sujet sur lequel ils agissent, par le contact des pouces ou des mains; ils fixent ensuite les yeux sur lui, et font enfin des passes à une distance plus ou moins grande de la face. Les autres établissent l'équilibre de température en posant une main sur le front du sujet à magnétiser, puis ils promènent lentement les mains le long des bras, en produisant une sorte de friction. Enfin il en est qui, par la volonté seule, font éprouver des phénomènes magnétiques à distance; certains expérimentateurs assurent même les avoir produits à des distances considérables : nous n'avons rien observé de semblable.

Comment agissent l'équilibre de température, les passes à distance, les frictions, la fixité du regard, la volonté? Quel rôle joue chacun de ces agents? Sont-ils les seuls nécessaires, indispensables? Y a-t-il développement d'un fluide, comme nous le pensons? L'imagination y est-elle pour quelque chose? Ce sont autant de questions à résoudre. Le temps nécessaire pour transmettre l'action magnétique varie de beaucoup. Souvent il ne nous a fallu que quelques minutes, quelquefois une demi-heure, souvent plusieurs séances. Pour retirer du sommeil, on fait ordinairement des passes en sens contraire de celles que l'on

fait pour magnétiser. Selon certains auteurs,
la volonté seule suffit.

____

La personne sur laquelle nous avons fait les
expériences suivantes, n'avait jamais entendu
parler du magnétisme; nous-même ne la connaissions pas; le hasard seul nous conduisit dans la
maison où elle se trouvait, ignorant qu'elle serait magnétisée. Quel fut notre étonnement et
celui des assistants, lorsque, au bout de 8 minutes, nous obtînmes un commencement de somnolence, qui alla en croissant jusqu'au sommeil le
plus profond! Alors les yeux étaient totalement
recouverts par les paupières; si on cherchait à
les écarter, on n'y parvenait qu'avec une certaine difficulté; le globe de l'œil était convulsé.
Il survint ensuite des mouvements convulsifs dans
les membres. Cette fois, la sensibilité générale
était intacte. Nous la questionnâmes sur son état;
elle répondit qu'elle éprouvait un violent mal
de tête, qu'elle avait mal au cœur et des envies
de vomir; on la réveilla.

Avec de tels résultats, nous ne pouvions en
rester là; quelques jours après, la même personne voulut bien se prêter à une seconde expérience. Nous obtînmes en quelques minutes
les phénomènes de la séance précédente, c'est-
à-dire la somnolence, l'occlusion des yeux, le
renversement du globe de l'œil, des mouvements

2

convulsifs , mais de plus l'insensibilité et la perte de l'ouïe pour les personnes qui n'étaient point en rapport avec elle.

Cette seconde expérience, un peu plus concluante que la précédente , nous engagea à aller plus loin : elle fut magnétisée de nouveau. Le phénomène de l'insensibilité se renouvela : on pouvait la piquer , lui enfoncer une plume dans les narines , la pincer fortement , sans qu'elle parût en souffrir. Elle n'entendait nullement les personnes qui lui adressaient la parole sans être en rapport avec elles. On fit à ce sujet une longue série d'expériences qui ne laissèrent aucun doute sur ce phénomène remarquable. Les contractions musculaires eurent lieu comme de coutume, mais elles furent bien plus violentes que précédemment. Quant à la vue sans le secours des yeux, nous ne pûmes la constater positivement , car elle nous fit à ce sujet des réponses très-précises , mais , à côté , des réponses mauvaises.

A la quatrième séance, elle éprouva des mouvements convulsifs très - violents dans tous les membres ; ces mouvements paraissaient diminuer d'intensité au moyen de quelques passes au-devant de l'épigastre. Cette remarque nous conduisit à la questionner à ce sujet , elle nous répondit que ces passes lui procuraient un grand soulagement. On renouvela les expériences sur l'insensibilité , qui fut de nouveau constatée. Mais cette fois la vue sans le secours des yeux était plus développée. Elle put dire combien il y avait de personnes derrière elle et à ses côtés ; on lui présenta successivement, sur un des côtés de la tête, une tabatière, un livre, des gravures, un anneau, une montre, un vase ; elle ne se trompa nullement, ni sur le nom des objets, ni sur leurs couleurs. Cependant, comme des personnes désireuses de prolonger le plaisir qu'elles éprouvaient, continuaient à lui adresser des questions, elle finit par s'impatienter et ne plus répondre d'une manière aussi satisfaisante.

Dans ces quatre séances, nous avons vu se développer petit à petit les phénomènes du somnambulisme, le passage de l'état de veille à celui de sommeil, et celui du sommeil au somnambulisme magnétique. Ainsi, dans la première séance, nous n'avons obtenu qu'un sommeil profond et des contractions involontaires ; dans la seconde, l'insensibilité et la perte de l'ouïe pour les personnes non en rapport avec celle magnétisée. A ce sujet nous dirons que l'on se met en rapport en touchant un instant les mains réunies de la personne active et de la personne passive, ou bien en formant la chaîne. A la troisième, la vue sans le secours des yeux a commencé à s'établir, et à la quatrième elle était plus développée. Chaque fois elle s'est mise à pleurer et à rire presque en même temps dans l'action du réveil ; mais ce qui nous a surtout frappé, c'est le contraste qu'il y avait entre l'état de veille et celui de sommeil, dans l'expression de sa physionomie, son maintien et sa conversation.

A la cinquième expérience, elle s'endormit avec une grande facilité et présenta tous les phéno-mènes observés dans le cours des premières séan-ces. Un des assistants lui mit deux bougies allu-mées sous les yeux, pour s'assurer s'ils étaient parfaitement fermés; les paupières ne firent pas le moindre mouvement. Une autre personne vou-lut ouvrir les paupières, mais elle y parvint dif-ficilement : elles étaient comme agglutinées; le globe de l'œil était convulsé. On plaça divers objets devant elle, et bien au-dessus de l'axe visuel; elle les nomma sans se tromper. On lui couvrit ensuite les yeux d'un bandeau ployé en plusieurs doubles, et on lui présenta divers ob-jets, qu'elle nomma sans balancer. Quelqu'un, qui n'était point convaincu, voulut savoir s'il n'était pas possible d'y voir avec ce bandeau. Après en avoir essayé, il avoua qu'il ne pouvait rien voir, qu'il ne distinguait aucun objet. On lui mit ensuite ce même bandeau de manière à laisser du jour sur les côtés du nez; il ne vit que sous un angle très-aigu, et point devant lui comme la personne magnétisée. Comme elle éprouvait des contractions très-violentes dans tous les mem-bres, et surtout dans les muscles de la face, on la réveilla.

Les phénomènes de la séance suivante furent bien plus curieux encore. On lui mit une feuille de coton sur chaque œil, et, par-dessus, un bandeau ployé en plusieurs doubles. On la fit souvent changer de place, en disposant des obstacles sur son chemin ; elle les évita toujours aussi bien qu'elle aurait pu le faire dans l'état de veille. Pendant qu'elle était assise sur un canapé, on changea de place le fauteuil sur lequel elle était d'abord, et cela sans qu'elle pût rien entendre ; sur l'invitation qui lui fut faite d'aller se rasseoir sur son fauteuil, elle s'y rendit sans hésiter et sans chercher à aller là où il était d'abord. On la fit ensuite jouer aux dominos et aux cartes, le bandeau toujours sur les yeux : elle s'y prêta de mauvaise grâce ; mais, soit aux dominos, soit aux cartes, elle ne se trompa point et elle s'aperçut très-bien quand on la trompait. Tout à coup, elle eut des convulsions très-fortes, que l'on ne parvint à calmer qu'avec beaucoup de peine. Cet état fut suivi d'un grand affaissement, pendant lequel on la réveilla. Revenue de son sommeil, elle se plaignit d'un grand mal de tête, d'un sentiment de fatigue et de brisement dans tous les membres.

A la septième expérience, elle fut endormie en quelques minutes. On lui plaça un demi-masque sur la face, et les phénomènes de la vision se manifestèrent comme de coutume. On lui adressa ensuite des questions très-simples, auxquelles elle ne voulut pas répondre ; son amour-propre paraissait blessé de la grande simplicité de ces questions. Quand on lui demandait le nom d'un objet placé devant elle ou sur un des côtés de sa tête, elle répondait toujours : Vous le savez aussi bien que moi, je n'ai par conséquent pas besoin de vous le dire. On la fit ensuite placer dans un coin du salon où il régnait une obscurité presque complète, et on lui présenta un grand nombre de gravures sur lesquelles elle donna des détails qui étaient justes. Elle reconnut plusieurs personnes qui se trouvaient devant elle ; elle ne se trompa pas non plus sur le nombre des personnes présentes, bien que plusieurs se fussent retirées pour rendre l'expérience plus concluante.

Dans la huitième séance, elle nomma plusieurs lettres placées au-devant de son front ; mais pour bien s'assurer qu'elle ne pouvait voir, on lui mit un bandeau sur les yeux, avec toutes les précautions possibles ; elle nomma de nouveau d'autres lettres qu'on lui présenta. On la fit aller d'une chambre à une autre, traverser un corridor et une cour ; elle fit tout ce trajet sans toucher nullement la muraille. Comme elle était dans la rue, elle voulut s'en aller ; on lui fit alors remarquer qu'elle avait oublié son schal, et elle retourna le chercher avec la même facilité. Un instant après, on fit à ses oreilles éclater plusieurs capsules ; on n'observa chez elle aucun mouvement. On la fit marcher de nouveau, toujours un bandeau sur les yeux ; on lui dit plusieurs fois d'aller s'asseoir dans tel ou tel endroit, de retrouver son fauteuil ; elle exécuta tous ces ordres aussi bien que pendant la veille, elle évita même les plus petits obstacles. On fit ensuite un grand nombre d'expériences sur la paralysie de l'ouïe, la clairvoyance et l'insensibilité, qui furent toutes satisfaisantes.

Dans la séance suivante, on lui mit, comme de coutume, un bandeau sur les yeux, et toujours avec les mêmes précautions, puis on la fit jouer aux dominos. Un de ses dominos avait toujours été retourné, c'est-à-dire que le côté où sont marqués les points était contre le tapis de la table ; il fallait jouer du quatre ou du blanc, elle prit son domino sans le retourner et le plaça comme il fallait, le quatre contre le quatre. On renouvela les expériences sur la paralysie de l'ouïe, au moyen du fusil ; elle resta immobile. On la fit ensuite jouer aux cartes ; la personne qui jouait avec elle jeta sur le tapis le valet de cœur, elle le prit avec le roi, et comme on lui contestait la levée, elle répondit avec assurance : Vous avez mis le valet, j'ai mis le roi, la levée est à moi. En vain plusieurs personnes avec lesquelles elle n'était pas en rapport, lui crièrent aux oreilles, firent à côté d'elle tout le bruit possible, elle resta muette. On lui mit sous le nez un flacon d'eau de Cologne et un flacon d'ammoniaque, elle resta insensible ; on lui demanda si elle sentait quelque chose, elle répondit qu'on se moquait d'elle, qu'il n'y avait que de l'eau dans ces flacons. Quelqu'un qui désirait jouer avec elle, lui proposa de faire une seule partie de dominos et d'intéresser la partie ; elle y consentit et joua avec autant de facilité que pendant la veille, elle ne se trompa pas une seule fois. On remarqua que, lorsqu'elle était obligée de chercher dans les dominos restants, ce qu'on appelle vulgairement piocher, elle prenait toujours le domino qu'il lui fallait et le plaçait comme il devait être, sans le retourner. Elle put aussi coudre dans l'obscurité.

Nous venons de voir, dans les cinq dernières expériences, des exemples remarquables de la vue sans le secours des yeux, de la paralysie de l'ouïe et de celle de l'odorat ; nous aurons encore occasion de constater ces phénomènes dans les expériences qui vont suivre. Pour avoir une conviction entière sur la réalité de la vue sans le secours des yeux, quelques personnes imaginèrent de se servir d'un bandeau fait avec du diachylum, afin d'empêcher tout rayon lumineux de pénétrer jusqu'à l'œil. On fit deux autres bandeaux en peau, et on les colla sur le bandeau de diachylum. Chacun en essaya ; il

fut reconnu non-seulement qu'on ne pouvait dis-
tinguer aucun objet, mais encore que l'on ne
pouvait s'apercevoir de la présence ou de l'ab-
sence de la lumière.

On fit une dixième expérience ; elle fut magnétisée en quelques minutes. On lui plaça sur
différentes parties du corps un fer aimanté ; elle
éprouva aussitôt des mouvements convulsifs. On
lui plaça ensuite un plateau en verre à l'épigastre,
et au moyen de quelques passes faites au-devant
de ce plateau, elle fut en proie à des convulsions très-violentes. Comme on avait remarqué
dans les séances précédentes, que des passes au-
devant de l'épigastre et le long des membres
la calmaient de suite, on en essaya et on obtint
le même résultat. Elle tomba ensuite dans un
grand affaissement ; tous les muscles étaient dans
un grand relâchement. Nous la laissâmes reposer
un instant avant de continuer les expériences.
On se servit ensuite d'un plateau en métal, et
on eut beau faire des passes, il ne se manifesta
rien. On réitéra l'expérience du plateau en verre,
et les convulsions reparurent aussitôt. On lui mit
sous le nez un flacon d'ammoniaque, et on lui
demanda si elle sentait quelque chose ; elle répondit que l'on se moquait d'elle, qu'il n'y avait
que de l'eau dans le flacon. Quelqu'un lui demanda si elle aimait la musique ; elle répondit
qu'elle l'aimait beaucoup et qu'on lui ferait le

plus grand plaisir en jouant d'un instrument. Un des assistants pinça alors de la guitare, mais comme elle paraissait ne rien entendre, on lui demanda comment elle trouvait l'air que l'on jouait; elle répondit qu'on ne jouait pas, qu'on se moquait d'elle. Quelqu'un qui se trouvait en rapport avec elle joua ensuite du même instrument, et aussitôt elle l'accompagna de la voix. On renouvela la même expérience, et tout à coup elle s'arrêta en disant : Eh bien! on ne joue plus; la personne qui jouait alors n'était pas en rapport avec elle. Il fut facile de s'apercevoir qu'elle aimait la musique; aussi on profita de ce moyen pour lui placer, sans qu'elle s'en aperçût, le bandeau dont nous avons parlé. On lui fit voir une lanterne magique; elle distingua parfaitement tous les sujets et donna sur chacun d'eux des détails très-minutieux. Plusieurs personnes jouèrent avec elle aux dominos et aux cartes; elle s'en acquitta on ne peut mieux. La respiration fut très-gênée et le pouls marqua constamment de 104 à 110 pulsations.

La séance suivante ne fut pas moins curieuse. On renouvela toutes les expériences précédentes avec un plein succès. Le plateau en verre occasionna des convulsions, et le plateau métallique ne produisit aucun effet. Une pointe métallique, présentée à l'épigastre, fit naître également des mouvements convulsifs, tandis qu'une pointe en verre resta sans effet comme le plateau métallique. La main présentée vers la même région fit reparaître des mouvements convulsifs tellement forts, qu'on pouvait à peine contenir la personne magnétisée ; sa force était considérablement augmentée. Quelques passes au-devant de l'épigastre firent cesser aussitôt cet état d'agitation, qui fut remplacé par un grand abattement. Pendant ces expériences, le pouls monta jusqu'à 124 pulsations à la minute, et la respiration devint tellement difficile, qu'on eût cru à une suffocation imminente, si déjà cet état ne se fût présenté dans les séances précédentes.

Comme on avait remarqué que la musique produisait sur elle les plus heureux effets, on pria quelqu'un de la société de jouer de la guitare. On lui demanda si elle aimait l'air que l'on jouait ; elle répondit qu'elle n'entendait rien, qu'on ne jouait d'aucun instrument. On lui dit alors de bien écouter, et elle n'entendit rien encore. Quelqu'un pinçait cependant de la guitare, mais sans s'être préalablement mis en rapport avec elle ; ce rapport établi, elle accompagna aussitôt l'instrument avec une gaîté folle. On profita de ce moment pour lui mettre le bandeau de diachylum, puis on la fit jouer de nouveau aux dominos et aux cartes ; elle s'en acquitta comme de coutume. Pendant qu'on la réveillait, elle éprouva encore de violentes convulsions ; elle ressentait, disait-elle, de fortes secousses dans la région du cœur, et des picotements dans les membres.

A la douzième séance, elle fut plongée dans le sommeil magnétique en moins de trois minutes. On lui mit le même bandeau sur les yeux, et la vision continua à avoir lieu ; on lui présenta successivement plusieurs objets, qu'elle nomma aussitôt. L'expérience des plateaux et des pointes fut renouvelée avec les mêmes résultats. On fit sur elle plusieurs décharges électriques aussi fortes que possible, elle resta insensible ; une seule fois, elle s'aperçut de l'étincelle et elle dit qu'on voulait la brûler. On forma la chaîne pour s'assurer si les décharges étaient bien fortes ; la personne magnétisée resta seule insensible, les autres ne purent s'empêcher de rompre la chaîne. Une personne en rapport avec elle quitta le salon en lui souhaitant le bonsoir ; mais étant rentrée par la fenêtre sans le moindre bruit, la magnétisée dit qu'elle venait de voir rentrer cette personne, et indiqua la place qu'elle occupait.

Les expériences au moyen de la machine électrique et de la bouteille de Leyde furent renouvelées dans la treizième séance, avec le même succès. On lui mit le bandeau sur les yeux, puis on éteignit les lumières sans qu'elle s'en aperçût. Elle distingua une rose de Provins au milieu de plusieurs autres roses ; elle nomma également plusieurs dominos et plusieurs autres objets dans l'obscurité. Ce jour là, elle était d'une gaîté extraordinaire ; elle raconta plusieurs historiettes avec une naïveté sans pareille. Quelqu'un qui était en rapport avec elle, se mit à jouer de la guitare, et aussitôt elle laissa de côté sa narration pour accompagner l'instrument. On lui chanta un air nouveau qui lui était certainement inconnu ; elle chanta comme si elle eût connu la romance et l'air ; elle acheva très-souvent un vers commencé. Pendant qu'elle chantait, on fit à ses oreilles tout le bruit possible, on produisit les sons les plus discordants, elle continua à chanter. Une personne lui plaça, sans le dire à qui que ce fût, un pistolet derrière la tête ; tout à coup elle parut inquiète, puis elle se mit à pleurer, en disant qu'on voulait la tuer avec un pistolet.

A la dernière séance, on la fit jouer aux cartes, toujours avec le bandeau sur les yeux ; pendant qu'elle était occupée à faire sa partie, on fit disparaître les bougies qui éclairaient le salon, et elle continua à jouer sans se tromper. La partie terminée, elle se leva, écarta les chaises qui se trouvaient sur son passage, et alla s'asseoir à l'écart. On rapporta les bougies, pour s'assurer si elle avait bien joué, et l'on fut étonné de ne plus la voir à sa place ; elle ne s'était point trompée. Quelqu'un lui demanda alors pourquoi elle avait ainsi quitté le jeu ; elle répondit qu'elle était fatiguée. Un des assistants essaya plusieurs fois de la mettre en défaut, en changeant des cartes, ce fut toujours inutilement. On mit ensuite devant elle un transparent, sur lequel étaient écrits ces mots *Feux pyriques*, qu'elle lut très-bien. A ce transparent on en fit succéder plusieurs autres représentant divers sujets que non-seulement elle détailla bien, mais dont elle apprécia encore les nuances les plus délicates. Elle dit constamment le nombre des dominos que chacun prenait entre ses deux mains, et ne se trompa point sur la valeur de chaque domino dans l'obscurité; ainsi, on lui en présenta un sans l'avoir vu, elle dit que c'était le double quatre; on fit apporter de la lumière pour vérifier si elle ne s'était point trompée : c'était en effet le double quatre. On lui souleva la paupière et on vit, comme dans plusieurs séances précédentes, le globe de l'œil tourné convulsivement en haut. Un des assistants jeta plusieurs fois un cri d'effroi à ses oreilles; elle ne fit aucun mouvement. Un instant après, comme on approchait d'elle une tige métallique, elle éprouva des mouvements convulsifs, et, soit qu'on lui eût mis, soit qu'on ne lui eût pas mis un bandeau sur les yeux, les mouvements se renouvelèrent dans les parties vers lesquelles était dirigée la tige métallique. Nous dirigeâmes la main vers l'épigastre; à son approche la somnambule agita tous ses membres. L'approche de la main vers une partie était toujours suivie de convulsions ; on suspendit ces expériences pour vérifier si les mouvements convulsifs n'avaient pas lieu sans l'approche des mains : il ne se manifesta rien. Enfin, on voulut savoir si elle était sensible aux souffrances des autres ; pour cela on donna des chiquenaudes à quelqu'un qui la touchait par la main et qui se trouvait en rapport avec elle, et aussitôt il se manifesta des contractions dans cette main. Cette expérience fut renouvelée plusieurs fois avec les mêmes résultats.

Les dernières expériences nous font voir la clairvoyance au plus haut degré, l'insensibilité aux chocs électriques, l'accélération de la respiration et de la circulation, et une faculté contractile mise en jeu par l'approche des doigts, d'une tige métallique ou d'un plateau en verre. Une tige en verre et un plateau métallique restent, au contraire, sans effet. La somnambule nous a ensuite paru sensible aux douleurs des personnes en rapport avec elle. A son réveil, elle a toujours paru ignorer les circonstances de son sommeil ; nous ne pouvons avoir, à cet égard, d'autre garantie que sa déclaration et celles des personnes qui la fréquentent tous les jours.

La personne sur laquelle nous expérimentions a toujours été accompagnée de sa sœur et de quelques autres parents. Chaque séance a duré de 8 heures du soir à 1 heure du matin ; nous avons poursuivi nos recherches et multiplié nos observations, en redoublant de soins, d'attention et de défiance. Les personnes distinguées qui ont assisté à nos expériences, y ont ensuite procédé elles-mêmes, afin de mieux observer : nous avons tous été forcés de nous rendre à l'évidence.

Parmi ces personnes nous citerons

Messieurs

BEDFORD, directeur des ateliers des fusées de guerre; COLLARD, lieutenant d'artillerie; CUNY, chef d'institution; CULMANN, chef d'escadron d'artillerie, professeur de chimie à l'école d'application, membre de l'académie royale de Metz; DE LARUE, garde-général des eaux et forêts; DESFAUDAIS, élève à l'école d'application ; DIDION, capitaine d'artillerie, professeur à l'école d'application, vice-président de l'académie royale de Metz; Baron DE GUILLEMIN; L'HERMITTE, ancien professeur de physique et chimie au collége royal de Metz; JACOB, major du génie; JACOB, capitaine d'artillerie; LEMONNIER; LIVET, capitaine du génie; MADAULE, idem; MALINE, avocat; MELCHIOR, élève à l'école d'application ; DE NICÉVILLE; DE RÉSIMONT, général au service de Russie ; DE RÉSIMONT, docteur en médecine; RODOLPHE, capitaine d'artillerie, membre de l'académie royale de Metz ; THIRION, notaire; TRANCARD, capitaine du génie.

Lesquelles personnes ont signé avec nous la minute du présent mémoire, déposée aux archives de l'Académie royale de Metz.